# 羅大頭 數學冒險

## 初階2

羅阿牛工作室 ◎ 著

中華教育

責任編輯　梁潔瑩
裝幀設計　鄧佩儀
排　版　陳美連
印　務　劉漢舉

**羅大頭數學冒險** 初階2

羅阿牛工作室 ◎ 著

**出版 | 中華教育**

香港北角英皇道 499 號北角工業大廈 1 樓 B 室

電話：(852) 2137 2338　傳真：(852) 2713 8202

電子郵件：info@chunghwabook.com.hk

網址：http://www.chunghwabook.com.hk

**發行 | 香港聯合書刊物流有限公司**

香港新界荃灣德士古道 220-248 號荃灣工業中心 16 樓

電話：(852) 2150 2100　傳真：(852)2407 3062

電子郵件：info@suplogistics.com.hk

**印刷 | 泰業印刷有限公司**

香港新界大埔大埔工業園大貴街 11-13 號

**版次 | 2024 年 1 月第 1 版第 1 次印刷**

©2024 中華教育

**規格 | 16 開（235mm x 170mm）**

**ISBN | 978-988-8861-00-2**

## 羅大頭

性格　遇事沉着冷靜，善於思考，對事情有獨到的見解。

數學
能力　對研究數學問題有極大的興趣和熱情，有較高的數學天賦。

## 朱栗

性格　文科教授的孫女，心思細膩，喜好詩詞，出口成章。和很多的女孩子一樣，害怕蟲子，愛美。

數學
能力　對數學也十分感興趣，能夠發現許多男生發現不了的東西。

## 李沖沖

性格　人如其名，性格衝動，熱心腸，樂於助人，喜愛各種美食。

數學
能力　善於提出各種各樣的問題，研學路上的開心果。

## 阿柳博士

數學
能力　萬能博士，有許多神奇的發明，是三個孩子研學路上的引路人，能在孩子們解決不了問題時從天而降，給予他們幫助，是孩子們成長的堅實後盾。

# 序言

　　大人們一般是通過閱讀文字來學習的，而小孩子則不然，他們還不能把文字轉化成情境和畫面，投映在頭腦中進行理解。因此，小孩子的學習需要情境。這也是小孩子愛看圖畫書，愛玩角色扮演遊戲（如過家家），愛聽故事的原因。

　　漫畫書是由情境到文字書之間的一種過渡，它既有文字書的便利，又有過家家這類情境遊戲的親切，解決了小孩子難以將大段文字轉化為情境理解的困難。因此，它深受孩子們的喜歡也是必然的。

　　羅阿牛（羅朝述）老師是我多年的好朋友，我很佩服他對於數學教育的執着。多年來，他勤於思考，樂於研究，在數學教育領域努力耕耘。他研究數學教學，研究數學特長生的培養，思考數學教育與學生品格的培養，並通過培訓、講學、編寫書籍，實踐自己的理想。尤其可貴的是，他在教學中不是緊盯着分數，而是重視孩子們思維的訓練和品德的養成。

　　這套書是他多年研究成果的又一結晶，書中將兒童的學習特點和數學的思維結合在一起，讓數學的思想、方法可視可見，讓學習數學不再困難。

任景業

全國小學數學教材編委（北師大版）

分享式教育教學倡導者

# 目錄

1. 機械人哈哈的考題 ..................................................... 1

2. 奇奇怪怪的長度單位 ............................................... 6

3. 樹先生的煩惱 ......................................................... 15

4. 巧算湖的面積 ......................................................... 24

5. 值得自豪的九九乘法表 ........................................... 30

6. 一寸光陰一寸金 ..................................................... 36

7. 時間轉盤 ............................................................... 45

8. 從「朝三暮四」説開去 —— 認識加法交換律 ......... 51

9. 俄羅斯方塊與圖形拼合 ........................................... 57

10. 古代的貨幣 ........................................................... 65

11. 頑皮的算盤 ........................................................... 73

12. 生活中的乘法 ....................................................... 81

13. 乘法串串香 ........................................................... 89

14. 特立獨行的除法 ················································ 97

15. 除法串串香 ················································ 104

16. 數據巧收集 ················································ 110

17. 神奇的數獨 ················································ 117

18. 受傷的千紙鶴 ················································ 125

19. 小秤砣找媽媽 ················································ 132

20. 水星禮物分配記 ················································ 138

21. 高沖沖、矮大頭與巨型朱栗 ································ 143

22. 魔術手套遺失之謎 ················································ 149

23. 密室逃脫 ················································ 156

24. 女巫的魔鏡 ················································ 162

25. 高斯的故事 ················································ 168

答案 ················································ 172

# 1. 機械人哈哈的考題

幾人相約到實驗室探討幾何問題。

一說到幾何就想到哈哈呢！

畢竟它全身都是幾何體嘛！

這裏有張紙條！

「我在開會，大家可以和機械人哈哈交流數學問題。」

我來提問，你們來答吧！

好！

如果要把這個正方形剪成大小、形狀相同的兩塊，有幾種剪法？

畫對角線！

豎着或橫着也可以把正方形平分成兩份！

聰明！

斜着分的話也可以！

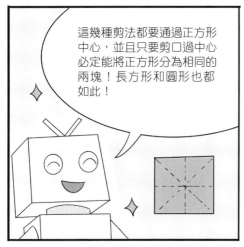

這幾種剪法都要通過正方形中心，並且只要剪口過中心必定能將正方形分為相同的兩塊！長方形和圓形也都如此！

下個問題要提升難度啦！

放馬過來！

我遮住了這些圖形左右的兩端，你們要通過露出來的部分，猜猜下面的「？」可能是甚麼圖形。

有兩條平行的線，我知道正方形是兩邊平行的。

有正方形的話，那一定也有長方形。

而且梯形也有兩邊平行！

看來答案有很多啊，我們畫一下吧！

好！

有正方形那也一定有長方形！

我知道正方形！

有斜邊的有可能是梯形或三角形！

這樣的話還有等腰梯形！

對了！還有平行四邊形！

而且也有梯形！

哇！你們居然想到了這麼多種！被遮住的部分還可能是——亂畫的！

別得意太早哦！

來吧！

4

這個正方形是從一個角度看到的幾何體，你們想一想這是個甚麼幾何體呢？

這還不簡單啊！肯定是正方體！

不，朱栗你說的不全，如果一個長方體的兩個面是正方形的話，從正方形這面看過去還是正方形呢！

你們看！

另外長方體只可能有兩個面是正方形，還必須是對面！

為甚麼不能六個面是正方形呢？

長方體某一面的四邊是要和除對面以外的其他面共用的，如果有六個面是正方形，那麼這個幾何體就是正方體了！

還有一些幾何體哦！

我知道啦！

一個圓柱體，我們從側面看過去都是正方形或長方形。這是一個側面看過去是正方形的圓柱體。

你們今天的表現很精彩，是善於思考的好孩子！

萬歲！

5

# 2. 奇奇怪怪的長度單位

我們都準備了禮物哦！

我的禮物有我的腿這麼長。

是玩偶吧！

肯定是小女生的裝飾品啦～

你們這些直男！我送的是鮮花！

我的禮物有手臂那麼長，你們猜猜是甚麼？

你送的不會是隻豬蹄吧？

肯定是隻短腿哥基！

你們剛才說到長度，如果羅大頭是國王，用頭就可以量各種長度啦！

說到長度單位，你們知道歷史上有很多長度單位其實是國王制定的嗎？

隨身投影筆！

圈一個圈～

古埃及的一個法老以自己的胳膊長度為準制定了「腕尺」。

一千多年前的一位英國國王，將自己的一節大拇指的長度定為「英吋」。

大頭同學是國王的話，他頭頂到下巴的長度可能就是長度單位哦！

除了國王，歷史上還有很多有趣的長度單位故事哦！

朕的左右腳各一步作為長度單位，稱作「步」，一步五尺，三百步為一里。

唐太宗李世民

這裏有一個腳印，就讓它作為丈量的標準吧！

16 世紀時德國的「1」尺。

我以為腳只能走路，原來還可以當長度單位！

這還不算甚麼，你們知道馬屁股也可以做測量單位嗎？

馬屁股！真的嗎？

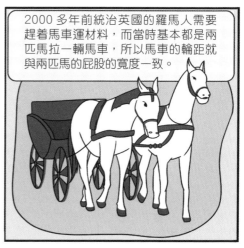

2000 多年前統治英國的羅馬人需要趕着馬車運材料，而當時基本都是兩匹馬拉一輛馬車，所以馬車的輪距就與兩匹馬的屁股的寬度一致。

這個距離沿用下來，後來成了現在的火車軌道的標準軌距。

馬屁股原來和我們的腳一樣，都可以當長度單位！

每個國家的長度單位不一樣，如果不同國家要交流該怎麼辦呢？

問得好！這就要說起世界上公用長度單位的誕生了。

法國科學家在 1791 年根據地球經線四千萬分之一的長度得出了一個特殊的長度單位 —— 米，這個單位被全世界認可，直到現在。

我們的身高也是按「米」來測算的。

還有汽車、房子、馬路⋯⋯我們的生活裏到處都要用到「米」這個單位啊！

對！

其實長度單位有很多，我給大家出一個謎語吧！

一把量天尺！打一個長度單位。

甚麼是量天尺呀？

就是能夠測量天空的尺子哦！

天空那麼大，要多大的尺子才能測量呀？

我猜是光年吧！

哦！原來是光年啊，「光」跑一年的距離。

光速那麼快，跑一年的距離得多長啊！

14

# 3. 樹先生的煩惱

公園

咦？好像有人在哭？

啊！是樹先生！

您怎麼了？

我快被蛀蟲咬死啦！

哇！蟲子！

要怎麼幫幫他呢？

不如我們給樹先生做一件防護衣吧。

對！這樣蛀蟲就咬不壞樹皮了！

16

讓我用分子重組儀器製造一塊防蟲薄膜吧！

要做多大呢？

組合

不如我們就量一量樹先生的「腰圍」如何？

沒有帶測量工具，應該怎樣測量呢？

我有辦法！

現在你們張開雙臂手牽手去抱着大樹。

三個人的手臂剛剛好！

好了，我們已經快要知道這棵樹的腰圍了！

請依次說出你們的身高。

我身高121厘米。

我身高120厘米。

我上週測量的，身高126厘米！

現在我已經知道這棵樹的腰圍了，126 厘米 +120 厘米 +121 厘米等於多少米？

等於 367。

錯！367 是厘米，阿柳博士說的是米！

367 厘米換算成米的話應該是 3.67 米。

對！樹的腰圍確實是 3.67 米。你們張開雙手，雙手成一條線，兩手中指之間的距離叫作「庹」，一度大概就是你的身高。所以把你們的身高加起來就是這棵樹的腰圍啦！

真的非常感謝！

嗯？

鑽出

啊！牠在啃我的根！

咬咬咬

！

十分鐘後

終於趕走了!

防住了蟲子又來了鼴鼠!

我們可以模仿農民伯伯驅逐鳥兒那樣製作一些稻草人!

這有用嗎?

在樹的周圍立一圈稻草人,既能嚇鼴鼠又能阻擋鼴鼠。

你們知道稻草人要做多大嗎?

不能做太大,不然鼴鼠會從空隙裏鑽過去!

我覺得這個樹葉的大小就很合適,你們看,有一個手掌那麼大!

稻草人做好啦！

謝謝你們的幫助！

搖

昆

這棵樹的葉子這麼大，你們有辦法測量它的長度嗎？

我可以！

你怎麼測量呢？

哦～

我把葉子首尾相連連成和我一樣高，最後用我的身高除以葉子的數量，就得到了葉子的長度！

不錯，不過我還有一個更好的辦法。

張開大拇指和中指，兩端之間的距離是一「拃」，我的一拃是20厘米。

我們也來試試吧！

一拃

我們三個一拃的長度差不多！

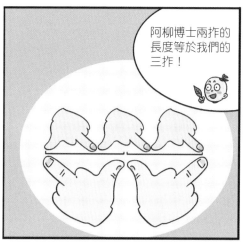

阿柳博士兩拃的長度等於我們的三拃！

這個葉子是我的一拃長。

阿柳博士一拃長是20厘米，兩拃就是40厘米，所以羅大頭一拃長是40厘米÷3≈13厘米。

這片葉子的長是羅大頭的一拃，所以就是13厘米！

一拃是13厘米！

如果今天我們手裏有一件東西，事情就會變得特別簡單。

甚麼啊？

我給大家出個謎語：
天生很公平，
分寸手中定。
無論長與短，
很快就分明，
打一物體。

是尺子！

答對了！如果有了它，你們今天的任務就非常簡單了！

樹先生，三位小朋友幫你恢復了健康，你也展示一下你的才華吧！

唰！唰！

這是一棵勾股樹！

哇！

哇！

哇！

23

# 4. 巧算湖的面積

天鵝湖公園

鵝，鵝，鵝，
曲項向天歌。
白毛浮綠水，
紅掌撥清波。

我知道，是《詠鵝》！

這一整片湖的面積是 8000 多平方米，湖中小島面積是 500 多平方米，你們知道湖水的面積是多少嗎？

8000 多平方米

500 多平方米

8000 多是多少呀？應該有一個具體的數字才能計算出湖水的面積吧。

沒錯，只有給出湖和湖中小島具體的面積，才能計算湖水的面積。

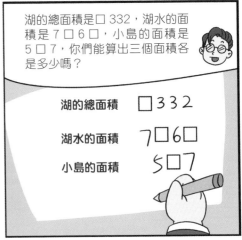

湖的總面積是□332，湖水的面積是7□6□，小島的面積是5□7，你們能算出三個面積各是多少嗎？

| 湖的總面積 | □332 |
| 湖水的面積 | 7□6□ |
| 小島的面積 | 5□7 |

嗯一

朱栗，我們可以通過列豎式，把這三個數列在一起，看他們有甚麼關係。

對哦！

湖水的面積和小島的面積是加數，而湖的總面積是和！

$$\begin{array}{r} 7\square6\square \\ +\ 5\square7 \\ \hline \square332 \end{array}$$

小島的面積

湖水的面積

湖的總面積

我們應該怎麼解答呢？

我們可以從個位數算起啊。看看框中要如何填數字才能讓這個算式成立。

哪一個數加上 7 等於 2 呢？

7 大於 2 了，我們可以用 5＋7＝12 得到個位數上的那個 2。

這樣的話我們再來看十位上的數。6＋7＝13，所以十位上的框應該填 7。

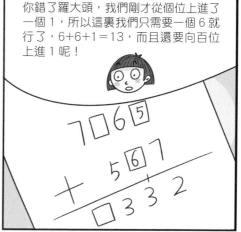

你錯了羅大頭，我們剛才從個位上進了一個 1，所以這裏我們只需要一個 6 就行了，6＋6＋1＝13，而且還要向百位上進 1 呢！

那百位上進了一個 1，現在就已經有 6 了，我們再添上一個 7，就可以得到下面的 3 了，而且還要向千位進一個 1。所以最後的和應該是 8332！

27

太棒了！太棒了！你們真聰明！

啪啪

開心～

這類問題常被稱為「數字謎」。它們的解法叫作「還原演算法」。這類問題還有一個有趣的名字 —— 蟲食算。

我們來看幾個有趣的蟲食算吧！

蟲食算

在下面豎式的方框中填入合適的數字，使各豎式成立。

我會做！

好像不難！

休息一下再做下一道題吧。

下列豎式中 ▲ 代表的是同一個數字，那麼 ▲ 代表的數字是幾？

加油！

只剩最後一道題了哦！

好！

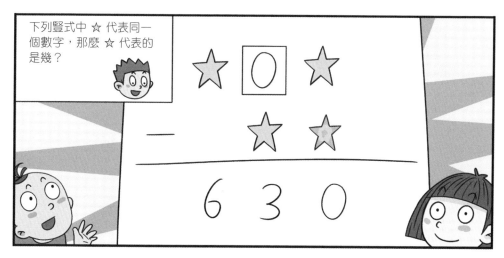

下列豎式中 ☆ 代表同一個數字，那麼 ☆ 代表的是幾？

# 5.值得自豪的九九乘法表

只看漫畫
不好吧。

呀！甚麼東西砸
到我臉上啦？

啪

九九乘法表？！

你不就是乘法嗎？
除了乘法你還會甚
麼？！

這個人看起來學識很淵博呢！

罷～罷～罷～

這個人看起來很普通呢，齊桓公會用他嗎？

看人不能只看外表，看書不能只顧有趣。

九九乘

你有甚麼才能呀？

我會九九乘法表！

嘰嘰喳喳

嘰嘰喳喳

嗯？？

大家這都是怎麼了？

我在春秋時期已經很普及了，是婦孺皆會的東西哦。

九九乘法表

是嗎？

你來背一個！

九九八十一
九八七十二
九七六十三
⋯⋯
二二得四

抓

大王連我這樣會九九乘法表的人都願意收留，您還擔心那些比我更有才能的人不來嗎？

好像是那麼回事。

好！那你便來我這裏發揮你的才能！

九九乘法表

後來果然有很多人慕名而來，因此齊桓公成了春秋時期的霸主之一。

哦～

還有二三得六個桃子，賣完就回家。

這二六十二隻雞我都要了。

每個人都在用九九乘法表！

四四十六……

那當然！我起源於中國，是你們的祖先進行乘法、除法、開方等運算的基礎法則，距今已經有2600多年的歷史了。

你騙人，我剛才聽到的乘法口訣分明和我們學的不一樣！

那是因為九九乘法表在古代是倒過來的，從「九九八十一」起，到「二二得四」止。因為口訣開頭兩個字是「九九」，所以人們就把它簡稱為九九乘法表。大約在13世紀至14世紀，才倒過來像現在這樣唸：「一一得一……九九八十一。」

你學到了嗎？

# 6. 一寸光陰一寸金

阿柳博士帶着羅大頭三人穿越到了古代考察。

我們也能當古代人了！

**晚上**

離離原上草，一歲一枯榮。

誰在讀書啊？

野火燒不盡，春風吹又生。遠芳侵古道，晴翠接荒城。又送王孫去，萋萋滿別情。

李沖沖，你是在扮演《勸學》中的場景嗎？

甚麼是勸學呀？

抬頭

你黑眼圈好黑哦！

三更燈火五更雞，正是男兒讀書時。黑髮不知勤學早，白首方悔讀書遲。

哦～

甚麼叫三更燈火五更雞啊？

就是你這樣啊，半夜還在讀書。

開門

甚麼？！

啊！都半夜了！我以為才晚上八九點呢。來到古代發現沒有鐘，我都不知道時間了。

就是，我每天醒來都是半夜。

你們的時間都顛倒了嗎？

古代的時間也很好記啊！

咚

咚

咚

甚麼聲音啊？

可能是……

啊！

害怕

停！只是在打更而已。現在是五更天，天快亮了。古代晚上有更夫每隔一更就在外面打更報時。

甚麼叫打更呢？

古人大多數沒有計時工具，晚上為了提醒我們具體的時間，將一晚分為五更，每一更是2個小時。更夫每隔一更就會在外面打更，提醒人們大概是甚麼時間。這種報時方法就叫作「打更」。

那天亮了我也去打更。

你快把鑼收起來！白天是沒有人打更的！

這樣啊

古代人講究日出而作日落而息，只有晚上才會打更報時間，在白天他們一般是通過日晷、漏刻這些工具來計時。

哦～

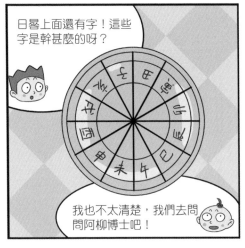

日晷上面還有字！這些字是幹甚麼的呀？

我也不太清楚，我們去問問阿柳博士吧！

你們原來是想知道日晷上的文字啊。

你們看日晷像不像我們的鐘盤，一天 12 個時辰＝24 個小時，所以日晷被分為了 12 大格，1 大格就是 2 個小時。子時是 23：00～1：00，丑時是 1：00～3：00，依次類推，所以上面的字就代表一個時間段。

日晷　鐘盤

陽光

影子

日晷上的銅針就相當於我們鐘錶上的指針，白天太陽照射，他的影子落在哪一格就代表甚麼時間。古人通過日晷就能大概估算出是甚麼時候了。

那如果哪一天沒有太陽，下雨怎麼辦？

朱栗很愛動腦筋哦，這個問題古人也想到了。

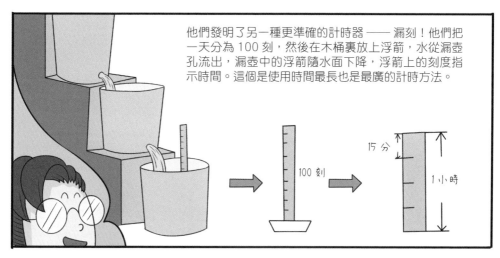

他們發明了另一種更準確的計時器 —— 漏刻！他們把一天分為 100 刻，然後在木桶裏放上浮箭，水從漏壺孔流出，漏壺中的浮箭隨水面下降，浮箭上的刻度指示時間。這個是使用時間最長也是最廣的計時方法。

100 刻

15 分
1 小時

阿柳博士，一刻是多久啊？

古代 1 天＝12 時辰，1 時辰＝2 小時，1 天＝100 刻，那麼1 刻＝14 分 24 秒，為了方便計算可以記成 15 分鐘。

阿柳博士，可是現在沒有錶，15 分鐘到底是多久啊？

一炷香的時間大約是 30 分鐘。

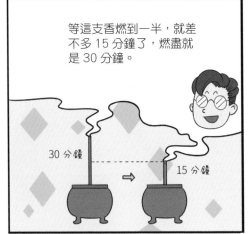

等這支香燃到一半，就差不多 15 分鐘了，燃盡就是 30 分鐘。

30 分鐘 ➔ 15 分鐘

原來電視劇裏面一炷香的時間是這個意思呀！

哦～

其實時間單位都是來自我們的生活經驗。

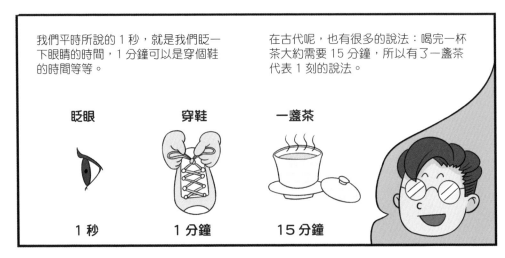

我們平時所說的 1 秒，就是我們眨一下眼睛的時間，1 分鐘可以是穿個鞋的時間等等。

在古代呢，也有很多的說法：喝完一杯茶大約需要 15 分鐘，所以有了一盞茶代表 1 刻的說法。

眨眼　　　　穿鞋　　　　一盞茶

1 秒　　　　1 分鐘　　　　15 分鐘

哇！好有意思呀！這些說法真形象。

人們在時間上做了很多研究。

古代的日晷、漏刻計時是較粗略的計時方法。後來宋朝宰相蘇頌主持建造的水運儀象台用來計時，每天只有 1 秒的誤差，這是世界上最古老的天文鐘。明朝的時候，意大利傳教士利瑪竇將鐘錶帶入中國，中國才慢慢開始使用鐘錶計時。

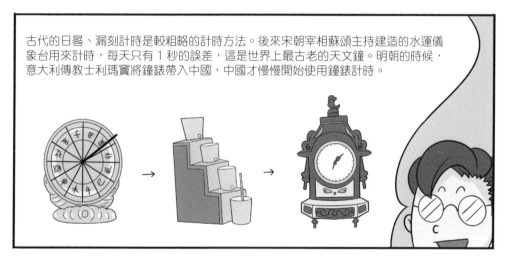

現在我也見到過許多鐘樓，比如英國的大笨鐘和北京的鐘樓。

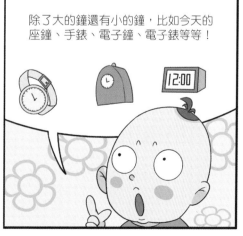

除了大的鐘還有小的鐘，比如今天的座鐘、手錶、電子鐘、電子錶等等！

科研還會用到精確度超高的原子鐘！

NIST

1283年首座機械鐘在英格蘭的修道院裏出現。13世紀意大利開始製作鐘樓，16世紀德國開始有桌上的鐘。鐘錶傳入中國之後，為了和國外的「小時」區別，我們把時辰稱作大時。後來鐘錶逐漸普及，人們才開始使用「小時」。

原來我們的「小時」是這麼來的呀！

太好了，這樣以後我就不怕忘記時間了。

重要的不是鐘，而是時間。一寸光陰一寸金，寸金難買寸光陰！同學們可要加倍珍惜時間啊！

點頭　嗯！　點頭

# 7. 時間轉盤

哇！這是怎麼回事？

一日就是太陽升起和下落再到升起的一個循環，有 24 小時。

一日過得也太快了吧。

一日＝24小時

到我了！

我轉到了「月」！

月

快看！朱栗的頭髮變長了！

指甲好像也變長了！

哇！

一個標準「月」有 30 個標準「日」，所以你們其實看到了 30 次日升日落，也感受了 30 個 24 小時。

該我了！該我了！

是「季」！

地上的花都枯萎了！

哎唷！

哇！天上掉下來好多果子！

一季等於 3 個標準月，季也代表季節，所以你們能感受到明顯的溫度以及環境的變化。

一個季度就這麼長了，那往後的時間單位豈不是更大！

時間可是最神祕的東西。

轉出了「年」！

一年等於四季，春、夏、秋、冬每四季一個輪迴，同時一年也等於 12 個標準月，365 或者 366 個標準天。

你們看！我們種的鮮花變回種子了！

欸？一年怎麼會有 365 天和 366 天兩個答案？

你們看!太陽在繞着我們旋轉!

不對!是我們在繞着太陽旋轉!

一年就是地球繞着太陽旋轉一周所用的時間,它的準確時間是365天5小時48分46秒。一年365天的話,一年就少了5小時48分46秒,而每四年就少23小時15分4秒,接近於一天,所以每四年就有一個年是366天。

平年=365天
閏年=366天

可是如果是23小時15分4秒,那不是實際上還差44分56秒嗎?一年加一年,這樣是不是會出現某一年有364天啊!

為了減小誤差,人們制定了一條規則——公曆年份是整百數的,必須是400的倍數才作閏年,否則還是作平年。

一年這麼多天,那怎麼來分配每個月該有多少天呢?

跟我來吧。

世紀

哇!星星越來越亮了!

這裏的時間點是公元前,這裏就有你們的問題的答案,往前看!

嘈雜

這是哪啊?快看!是一座宮殿!

嘈雜

一定是皇帝！

那是儒略‧凱撒大帝，今天是 7 月的一天，也是他的生日。

即刻起，每年的 7 月都要有 31 天，其他單數月份也都是 31 天。我們處死罪犯常在 2 月，不祥的 2 月就少一天。

那為甚麼現在 9 月、11 月只有 30 天呢？

後來有位名叫奧古斯都‧凱撒的皇帝也和儒略‧凱撒大帝一樣，為了彰顯尊貴而將他出生的 8 月改為 31 天。他又把雙數月 10 月、12 月改為 31 天，而 9 月、11 月改為 30 天，然後從 2 月又抽出一天，使 2 月只有 28 天。

皇帝還真是甚麼都可以改變啊。

不，有一個東西皇帝不能改變。

那是甚麼？

這個東西就是時間！無論是誰都不可能改變時間！

時間與我們的生活緊緊地聯繫在一起，時間是最長又最短的，最快又最慢的，最容易分割又最綿長的，最不受重視又最珍貴的。

博士

沒有它甚麼事情都做不成，它能因日積月累讓事情取得成功，也能使一切事物歸於消亡。

# 8. 從「朝三暮四」說開去
## —— 認識加法交換律

週末，大家一起看《美猴王》。

孫悟空的七十二變好厲害哦！

確實！

不如我們去拜訪一下孫大聖吧！

請阿柳博士帶我們去吧！

出發！

我們到了！這就是花果山了！

好多小猴子哦！

大聖還在睡覺呢！他看起來好疲倦哦。

大聖，你怎麼這麼疲倦啊？

今年我們的桃子完全不夠分，小猴子吵得我心煩！

現在每天每隻猴子只能分到 7 個桃子，早上 3 個晚上 4 個，大家都不樂意。

那我們想想辦法吧！

那要怎麼辦呢？

不如我們換一下，早上給四個，晚上給三個怎麼樣？

有用嗎？待俺老孫試試。

成功了！

哇！

小猴子們以為得到的桃子比以前多了！

早上三個，晚上四個；早上四個，晚上三個。你們發現有甚麼問題嗎？

總數都是 7 個！

你們知不知道有個成語叫朝三暮四。

不知道啊……

朝三暮四

哦～

這個成語用於形容人反覆無常。原來用於比喻聰明的人善於使用手段，愚笨的人不善於辨別事情。

53

以前有一個靠讓猴子表演謀生的訓練師，一天下來猴子們都很累。

咚鏘～
咚鏘～

可是這個人非常吝嗇，一天只給猴子們早上 3 個桃，晚上 4 個桃。猴子們紛紛罷工。

難道你們還嫌少？

好說好說，不就加幾個桃子嗎？沒問題！

想讓我多拿桃子，可沒那麼容易！

轉身

這樣吧，以後給你們早上 4 個，晚上再給 3 個，如何？

哇！這不是和我們分桃子的方法一模一樣嗎？

我還發現，不論甚麼順序，其實都是 7 個桃子！

對！3+4＝4+3，這兩道算式都等於 7，也就是說，3 加 4 等於 4 加 3。

我也會列這樣的算式，
7+8＝8+7，
6+4＝4+6，
5+3＝3+5。

觀察這些等式，你們發現了甚麼規律？

算式中加號兩邊的數字無論誰在前，誰在後，得數都一樣！

你們總結得非常好！不管這兩個加數是甚麼，兩個加數交換了位置後，它們的和不變，這個規律就叫作「加法交換律」。

快看！猴子們都老實了！

真是「朝四暮三」比「朝三暮四」好！

運用加法交換律，能使我們的計算更簡便些。比如：
17+8+3＝17+3+8＝20+8＝28；
8+7+12＝8+12+7＝20+7＝27。

這次真是謝謝你們啦！

讓我再來給大家出個謎語吧！

朝三暮四做謎語，打一生肖。

生肖猴！就是今天故事的主人公！

# 9. 俄羅斯方塊與圖形拼合

你都玩了很久啦！
我們出去一會兒吧！

羅大頭玩遊戲都不理我們了！

這麼喜歡玩遊戲，不如我和你們來比比，你們獲勝了我獎勵你們一個大蛋糕，怎麼樣？

我們三個對博士一個，我們贏定了！

不要輕敵！

我們首先來了解遊戲和遊戲規則。來看看我的新發明～

至尊豪華版俄羅斯方塊機！
真人版方塊遊戲！！
誰知道俄羅斯方塊？

分數：
等級：
速度：
最高分：

開始：
繼續：
結束：

我知道！俄羅斯方塊就像拼圖，只要拼完整一行，那一行就會消失。

羅大頭介紹得很形象！不過你知道它有多少種圖形嗎？

搖搖頭

俄羅斯方塊是蘇聯電腦工程師阿列克謝於1984年發明的，他一共設計了7種圖形，每種圖形含4個方塊，按形狀劃分成Z、T、L、O、S、I、J。

在遊戲裏面這些圖形會從天而降。

59

你可以將它們旋轉、移動，拼接成一個整體。

只要它們像羅大頭說的那樣，連成一行，便得 10 分。

＋10

現在大家就來試試吧。

這裏面包含了好多知識！

對，有平移還有旋轉！

嘿！

推

我居然拼出了一個長方形！嘿嘿！你們也來試試吧！

旋轉！平移！降落！

平移大法！

這些方塊的變化可真是多種多樣啊！

加油加油！

這也側面說明這個遊戲可以有很多種不同的玩法，而且擺方塊是有時間限制的，你們可要小心哦。

來吧！我知道怎麼放！

這看起來很簡單嘛！

加油！

平移！旋轉！

63

原來拼接方法雖然很多，但是最終還是有盡頭⋯⋯

我們輸掉了比賽，阿柳博士您怎麼還給我們蛋糕呢？

因為你們已經盡力了，並且學到了一些圖形知識。

所以玩遊戲最重要的從來都不是輸贏，而是你在玩的過程中學到了甚麼。

謝謝阿柳博士！

# 10. 古代的貨幣

哈哈的小舖開張了。

只收古錢幣！

我想要那個會說話的機械人！

故事書！

我喜歡那個穿着蓬蓬裙的玩偶！

我這裏不收這種錢幣，你們換一種再來吧。

請問阿柳博士，古錢幣是甚麼樣的呢？我們從來沒見過。

如果你們知道貨幣的發展歷史，就知道要用甚麼交換自己想要的東西了。

以前的錢可不長這樣，古時候人們只能用一些較稀有的小物品代替，比如貝殼。

你們聽！

我彷彿看見了遠古的人們鑽木取火、結繩記事以及上山打獵後拿着貝殼去交易的場景！

這聲音真是悠揚婉轉！

小小的貝殼居然能做交易！

貝殼可以當錢來用！那海邊的沙灘上豈不全是錢啊！發財了！發財了！

羅大頭眼裏只看到錢了！

古代的人用貝殼做貨幣是有原因的，除了沒有紙幣的製作技術，最重要的是貝殼稀有且方便攜帶。計算它的單位是一種叫「朋」的單位，五個貝殼為一串，兩串貝殼為一「朋」。

一串　一朋

如果大家都把貝殼當錢來使用，那貝殼豈不是不夠用了？

而且貝殼只有海邊才有，不住海邊的人們用甚麼付錢呢？

古人也意識到了貝殼作為貨幣的問題，後來他們想出了解決方法 —— 使用人造貨幣！在春秋戰國時期「布幣」和「刀幣」產生了！

「布幣」樣子像一種農具，而「刀幣」顧名思義像一把刀。

刀幣：

布幣：

看我的！

刀幣飛到天上了！

秦朝的時候，建立了大一統的國家，秦始皇就將貨幣全部統一，變成了一種叫「秦半兩」的銅錢。

不就是經常在電視劇裏出現的那種小圓幣嗎？

但是這裏出現了一個問題，我要考考你們。這種小巧又耐用的貨幣有甚麼缺點呢？

因為太小了很容易丟失。

因為長得很簡單，所以容易有假幣。

如果一個人需要很多錢去買東西，那就要裝很多很多銅錢在身上，非常不方便。

沒錯！

為了解決這個問題，中國在宋代的時候發明了可以代表大額金錢的紙幣 —— 交子，也就是現在我們使用的紙幣的早期形式！

刀幣和交子隨着貝殼音樂飄浮起來了！

它們隨着音樂跳起舞了！

我們知道要用甚麼買東西了！

這是我曾經在海邊撿到的貝殼！

這是我用小鐵片掰成的刀幣！

這是我自己畫出來的交子！

71

終於買到了!

我給大家出個謎語:
外邊圓,裏面方,是銅的。
它是甚麼?

銅錢!

正確!

哦~ 哇~

再來一個:裏邊圓,
外面方,是貼的。
它又是甚麼?

是小錢,
對不對?

不對~

啊!我知道了,剛
才朱栗掉進阿柳
博士挖的坑裏面去
了。不是錢,那就
是膏藥!

我總結一下:薄薄紙一張,到處都
吃香。有它行萬里,消遣心不慌。
人人需要它,若無只喝湯!

# 11. 頑皮的算盤

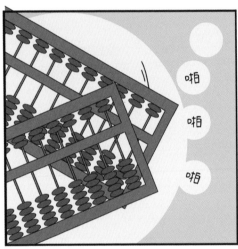

我叫算盤，是中國古代進行數的運算時常常用到的一種計算工具。我由框、檔、
樑及算盤子幾個部分組成。算盤子也叫算珠、珠子，橫樑上面的兩顆珠子稱為上
珠，下面的五顆稱為下珠。

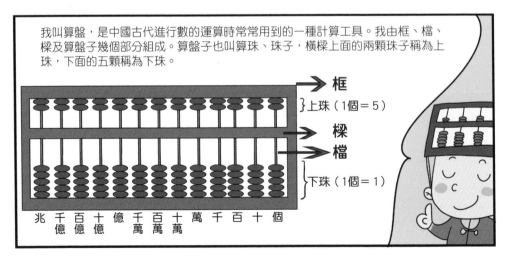

那你們知道算盤是怎樣進行加、減運算的嗎?

不知道。

那你們仔細觀察算盤上的珠子,有甚麼發現嗎?

上珠有 2 顆,下珠有 5 顆。

知道怎樣撥數來進行運算嗎?

我知道!我知道!

1 就撥 1 顆下珠,2 就撥 2 顆下珠,3 就撥 3 顆下珠,4 就撥 4 顆下珠,5 就撥 5 顆下珠。

得意

那麼 6、7、8、9 呢?

這……

嗯

我知道了,珠子不夠就借前面的一起撥。

哦~

我們平時算數,不夠都是可以借,那算盤的計算方法應該也是可以借的吧!

75

羅大頭同學的思路是對的，古代的人們遇到這樣的問題也是想到借珠子，但借前面的珠子太多看不清楚，後來人們規定 1 顆上珠代表 5，你知道 6 怎麼表示了嗎？

1個上珠 = 5　　　1個下珠 = 1

‧‧‧‧‧‧

撥 1 顆上珠、1 顆下珠，拼起來就是 6。

5 + 1

撥 1 顆上珠、2 顆下珠，拼起來就是 7；撥 1 顆上珠、3 顆下珠，拼起來就是 8。

5 + 2

5 + 3

那如果是 28、74、98 這樣的數該怎樣撥呢？

我覺得是……

好像是這樣……

我來試試！

我先在十位上撥 2 顆下珠，表示是 20，再在個位上撥 1 顆上珠、3 顆下珠，合起來就是 28。

嗯！不錯。

我也會！

嘿嘿～

我先在十位上撥 1 顆上珠、2 顆下珠，再在個位上撥 4 顆下珠，合起來就是 74。

我也知道！

我先在十位上撥 1 顆上珠、4 顆下珠，再在個位上撥 1 顆上珠、3 顆下珠，合起來就是 98。

沒想到你們這麼聰明！

你們現在都清楚地知道我的算珠所代表的數字了，這只是對算盤最基礎的認識，現在我們來學學怎樣用算盤去計算。23+21＝？這樣的算式你們想想是怎樣撥的呢？

我先來！我是從十位開始撥的，先撥23，再在十位撥 2 顆下珠，個位撥 1 顆下珠，結果就是 44。

我是從個位開始撥的，先撥23，再在個位撥 1 顆下珠，十位撥 2 顆下珠，結果也是 44。

我和羅大頭哪個的方法更好呢？

你這個問題問得很好！

你們的方法都對，我覺得先撥十位會更好！因為我們讀數都是從十位讀起，讀完十位再讀個位，所以撥數時先撥十位更方便。古代人也是這樣想的，先撥十位，再撥個位。

哦～

最後，我給大家出個謎語：
祖宗留下一塊田，
四四方方不種棉，
不種五穀瓜果菜，
單種荸薺萬萬千。

這是算盤！

算盤飛上去了！

我也想了一個謎語。

祖宗留下一座橋，
一邊多來一邊少；
少的要比多的多，
多的反比少的少。

也是算盤！

答對了！

# 12. 生活中的乘法

小夥伴們相約出門野餐，準備好好採購一番。

商場

烘焙區

好多！我全都想要！

你怎麼這麼貪心呀？

嘿嘿

我要吃兩個！

我也是！

等一下！

羅大頭，你有沒有想起阿柳博士教給我們的乘法？

我記得！

如果我們一個人吃兩個麵包的話，那我們一共需要
2×3＝6（個）！

水果區

好多水果！

你們看！

哈哈哈！好誘人啊！

一袋橘子有5個，買四袋送一袋。

買四袋比較划算。

如果我們買四袋的話，一共能拿到多少個橘子呢？

這還不簡單，加上送的共 5 袋，5×5＝25（個），我們一共能得到 25 個橘子。

這麼多！我們可以做橘子批、橘子蛋糕、橘子汁、橘子果凍！

停停停！再說李沖沖的口水要流成河了！

用品區

掃地機械人五折欸！

5折

600元

五折就是把標價平均分成 10 份，現在按 5 份出售，也就是原價的一半出售。這台掃地機器人原價是 600 元，600 的一半是 300 元！

厲害啊！

嘿嘿～

我們還需要一張野餐墊。

4折

那張兔子的野餐墊好可愛！

100元

原價是 100 元，打四折就是把原價分成 10 份，現在只要 4 份。
100÷10＝10（元），10×4＝40（元）。
這張野餐墊我們只需要付 40 元。

哇哦～

商場

開心～　開心～

生活中乘法的用處太大了！

是啊！

85

一共有三條道，每條道都停了 11 輛車，那麼一共是 3×11＝33（輛）車！

它們也贊同你的說法欸！

嘀 嘀 嘀 嘀

我也知道哪裏有乘法，你們看我們頭頂的高樓！

每棟高樓有 15 層，每層有 2 扇窗戶，像這樣的樓有 4 棟，那麼這裏一共有 15×2×4＝120（扇）窗戶！

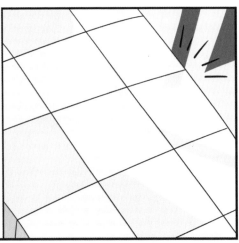

哇哦～

我也能找到乘法！

包子店

這家包子店每籠包子有 6 個，每次能蒸 5 籠，每天能蒸 10 次，所以這家包子店每天共蒸 6×5×10＝300（個）包子！

李沖沖你怎麼只知道吃呀？

嘿嘿～

週末

你們最近有甚麼新發現嗎？

我們發現乘法無處不在！

最後來猜一個謎語：
車站內的告示，打一
數學名詞。

車站內的告示那
麼多……

車站和乘車有關，車站
告示通常是乘車的注意
事項。

是乘法！

答對了！你們都很
優秀！

# 13. 乘法串串香

我不敢吃他們的食物。

那把我們地球的美食推薦給他們吧。

廚師雙傑！

酷！

我也來給加點「料」。

串串香

只要你們熟知乘法的計算，整個宇宙都將是你們的食材！

求幾個相同的數相加的簡便運算叫乘法。

雲朵串串香

配料：

$25 \times 4$

你們試試看怎麼求兩個數的乘積吧！

根據乘法的意義，可以用加法求乘積。

$$25 \times 4 = 25 + 25 + 25 + 25$$
$$= 50 + 50$$
$$= 100$$

這串數字真像串串香～一長串！

噢！一根籤子！

答對了，我們可以把雲朵穿成串串啦！

雲朵串串香完成！

剛才朱栗運用乘法的意義，把乘法打回原形，用我們熟悉的加法去解我們還不會的乘法。下面這道題難度要大哦！

隕石串串香

配料：

142857×7

哎喲，這麼大的數，我們還沒有學過怎麼算啊！

簡單，你們看這樣如何！

$$
\begin{array}{r}
142857 \\
142857 \\
142857 \\
142857 \\
142857 \\
142857 \\
+142857 \\
\hline
999999
\end{array}
$$

奇妙，奇妙……
你們看，那些就是
你們的隕石！

抓隕石啦！

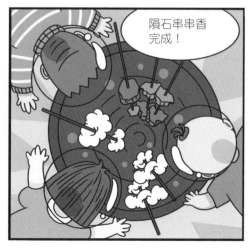

隕石串串香
完成！

流星串串香

配料：

789×123

這次流星串串香的
配料可不簡單哦！

那不是要寫 123 個 789 相加嗎？寫上一天都吃不到流星串串香。

$$789 + 789 + \cdots + 789 + 789$$
123個789

太繁瑣了呀，太繁太繁！心都煩死了！

面對不同的乘法算式也需要用不同的方法去計算。我們換一個簡單的食材吧！

我們以後遇到稍微大一點的數，可以把乘數轉換成 10 以內的數嗎？

當然可以，這就是表內乘法。流星串串香的配料變為 14×6，用表內乘法算一下吧！

$$14 \times 6 = (7+7) \times 6$$
$$= 7 \times 6 + 7 \times 6$$
$$= 42 + 42$$
$$= 84$$

這種方法需要分拆，我們不如叫它分拆法吧！

把大的一個乘數分拆成不超過 9 的數相加就行了！

流星來了，快抓住它們！

94

流星串串香也好啦！

有了這麼多串串，來杯飲料吧——大海星冰水！

大海星冰水

配料：

17×4

配料雖然簡單，但是需要你們用不同的方法算出來才行哦。

我把羅大頭的想法列成了表格，我覺得這也算是一種方法。

| × | 1 | 7 |
|---|---|---|
| 4 | 40 | 28 |

68

我們的豎式乘法像是從「表格法」簡化來的，「表格法」又像是從分拆法來的，很妙！

| × | 1 | 7 |
|---|---|---|
| 4 | 40 | 28 |

68

來，用這個杯子裝上一杯大海星冰水吧！

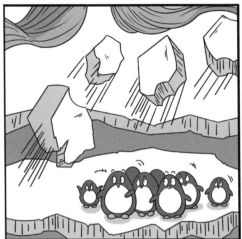

我們的乘法串串
香大餐做好了！

乘法串串香
真是太棒了！

# 14. 特立獨行的除法

從今天起，我決定廢除法律！

啊！那有些人豈不是會變得無法無天！

萬萬不可啊！

哈哈哈～我是開玩笑呢！其實我是想讓你們重視一個人！

是誰呢？！

廢除法律，就是除法！大王是想讓我們重視除法吧！

不愧是你！一下就猜出來了！

等等！除法去哪裏了？

羅大頭！我們的除法不見了！

交給我吧！

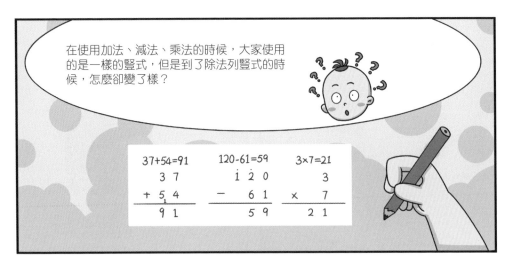

在使用加法、減法、乘法的時候，大家使用的是一樣的豎式，但是到了除法列豎式的時候，怎麼卻變了樣？

| 37+54=91 | 120-61=59 | 3×7=21 |
|---|---|---|
| 37 | 120 | 3 |
| + 54 | - 61 | × 7 |
| 91 | 59 | 21 |

為甚麼一定要這樣寫呢？

$$4\overline{)28}$$
28
0

為甚麼不和我們一樣？！

難道是因為除法和加減乘格格不入，它才離家出走了？

除法！你在這裏呀！

是我，你要是知道我的起源，你就能理解我為甚麼跟它們不一樣了。

中世紀時，阿拉伯數學比較發達，數學家花拉子米曾用「3/4」表示 3 被 4 除。有人認為，現在通用的分數記號就源於此。

直到 1659 年，在瑞士數學家雷恩所著的一本代數書中，

「÷」才首次作為除號被使用。

你們快來！看我發現了甚麼！

嘿！羅大頭！

看！我找到除法啦！

不錯呀，羅大頭，是你的問題讓除法現身了！

據說當時雷恩遇到了把一個整數分成幾份的問題，卻沒有恰當的符號表示，於是他便把阿拉伯人表示除法的小短線「/」和奧特雷德的除法符號「:」合二為一了。

原來除法是這麼來的呀！

101

我們除法天生就是和別人不同的，我們沒必要非得和他人保持一致。

為了能把商和餘數在同一個算式中表示出來，人們就不斷地改進我們豎式的書寫格式。

除數

商

被除數

餘數

把除號改成「┌」，商就跑到了除法的上方，突出它是我們要求的；而餘數因為是被除數減去部分而得到的，所以就安排在除式的下方。

比起和它們在豎式上保持一致，我們更在乎的是能不能準確地算出結果！除法有些時候是除不盡的，人們有沒有考慮過這一點啊？

有沒有啊？

$7 \div 2 = 3 \cdots\cdots 1$

# 15. 除法串串香

黑洞餐廳的星雲老闆
邀請我們去參加他們
的週年慶哦!

太好啦!太好啦!

邀請函

黑洞餐廳

到啦!!

你們可算來了!這次週年
慶呀,黑洞餐廳來了一大
批新廚師。這一次,你們
只管吃!

老闆伯伯,這
一次有星空棒
棒糖嗎?

不但有星空棒棒糖,
還有星空缽缽雞喲!

星空缽缽雞?
甚麼味的呀?

拉

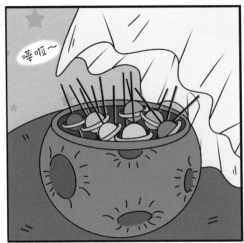

嘩啦~

哇！好漂亮呀！

哇！太好吃了吧！

這一盆一共 63 串，9 個品種，每個品種的串數相同。

每一種有多少串呀？

算一算就知道了呀！

那你們知道怎麼算嗎？

63-9-9-9-9-9-9-9＝0，有 7 個 9！所以每個品種有 7 串！

9 9 9 9 9 9 9

那如果一共有600串缽缽雞呢？你們還能算出每個品種有幾串嗎？

那要減多少個9呀？

你們記得乘法嗎？你們看看7、9、63這幾個數之間的關係呢？

7　9　63

7×9＝63！它們是乘法的關係！

7×9＝63

沒錯，7×9＝63是乘法，而已知兩個數的積與其中的一個乘數，求另一個乘數的運算叫作除法。

除法？

除法就是乘法的逆運算。

8×7＝56

乘數　乘數　積

逆

56÷8＝7

被除數　除數　商

107

原來這就是除法呀！那也可以用 63÷9＝7（串）啦！比 63-9-9-9-9-9-9-9＝0 這個方法簡單多了呢！

這個方法叫減法求商，63 減 7 個 9 得 0，說明 63 中包含 7 個 9，所以，63÷9＝7。其實除法運算還有幾個求商的方法。

$63-9-9-9-9-9-9-9=0$

7個

還有甚麼方法呢？

還有拆分法、表格法求商……

有 36 個蘋果分給你們三個小朋友。

第一輪每人發一個，共發 3 個；第二輪每人發一個，共發 3 個。連發十二次發完，每人共發十二個。這就叫拆分法。

用表格法求商。

| ÷ | 30 | 6 |
|---|----|---|
| 3 | 10 | 2 |
| | 10+2=12 | |

109

# 16. 數據巧收集

我的天啊，這是哪裏呀？

沖

好多騎士！

騎士的盔甲閃閃發亮欸！

孩子們，你們來這裏。

是阿柳博士！

這裏是天使一族的騎士大殿，為首的大天使長是我多年的好朋友。

你們好。

111

阿柳博士來這裏做甚麼呢？

阿柳博士來幫我們解決問題。

我們的天使要去遠征，他們個個都武藝超羣，但是來的人太多，我們都不知道到底有多少人。

所以你們才找博士來幫忙。你們需要博士來統計參加的人數！

沒錯。那你們能幫助一下我們嗎？

我每次統計人數都是打√耶！我們家每次出去玩的時候，就有個參加人統計表，來了就在表格上打√！

但這裏人太多，打√根本數不完啊！

朱栗說得有道理，但李沖沖也值得表揚。圖表是不錯的選擇。

太厲害了吧！

如果能畫圖表就很厲害了。關鍵是接下來我們應該如何用更好的方式進行統計呢？

你們知道正字統計法嗎？每個人都上來為「正」字添加一筆，一個「正」字就表示一個5，這種統計法就比較方便。

你們照做。

在表格裏寫「正」字。

正 正

但人數太多了，萬一有人偷懶不來寫，比如說李沖沖這樣的人，我們也發現不了呀！

我才不會因為偷懶不來呢！

到底要怎麼辦才好呢？

對了！

大天使長，你們能分成不同的小隊嗎？

我們有四個小隊。

那我重新畫一下表格！

這樣就方便檢查了！

| 小隊名稱 | 人數 |
|---|---|
| 第一小隊 | |
| 第二小隊 | |
| 第三小隊 | |
| 第四小隊 | |

羅大頭，你真厲害。

你們上前進行統計。

| 第一小 | |
| 第二小 | |
| 第三小 | |
| 第四小隊 | |

| 小隊名稱 | 人數 |
|---|---|
| 第一小隊 | 正正正正正正（30） |
| 第二小隊 | 正正正正正正（30） |
| 第三小隊 | 正正正正正正下（29） |
| 第四小隊 | 正正正正正正（30） |

第三隊怎麼只有29人呢？

第三小隊少了一個人！

對不起！我遲到了。

你歸隊吧。

對不起！

李沖沖，他長得好像你啊！

真的耶！說不定是我兄弟。

這些統計法真厲害。

這是我們國家的一種古老的統計法。據說清末民初時期的戲園每天要迎來很多觀眾，但是那個時候還沒有門票，戲園就安排 5 個人坐一張桌子。每坐滿一張桌子，記賬先生就在黑板上寫出一個「正」字。

| 小隊名稱 | 人數 |
| --- | --- |
| 第一小隊 | 30 |
| 第二小隊 | 30 |
| 第三小隊 | 30 |
| 第四小隊 | 30 |

哇哦～

如果方便的話，也可以直接寫數字。

原來還有那麼多方法！我知道了，今天真的非常感謝你們。我們要遠征了，以後再邀請你們來做客。

再見！加油啊！

今天大家學到了許多有趣的統計方法。這些都是靠你們自己想出來的，大家的方法都有自己的優勢。

李沖沖的辦法適合人少的時候。

羅大頭的辦法適合人多而且需要檢查的時候。

嘿嘿～

朱栗的辦法適合人多需要準確數據的時候。

生活中還有許多的統計方法，我們應針對不同的情況選取合適的方法。

# 17. 神奇的數獨

阿柳博士說，只要我們通過考驗就可以得到獎勵。

還包括一個愉快的寒假活動。

實驗室的地下有一塊古老的大石板。

哇，沒想到博士竟然用數獨遊戲考我們！

數獨是甚麼？怎麼玩的？

羅大頭你居然不知道數獨？

你們教教我吧！拜託了！

數獨是一種填數遊戲，起源於18世紀初瑞士數學家研究的拉丁方陣。一位美國的退休建築師根據這種拉丁方陣發明了一種填數趣味遊戲，這就是數獨的雛形啦。這一遊戲傳到日本後，被起名叫「數獨」。

朱栗，我可沒想到你記憶力這麼好！為甚麼上次你會忘記給我帶橡皮擦呢？

我是要讓你自己記住帶好橡皮擦，養成好習慣！還不是為了幫你。

那數獨應該怎麼玩呢？

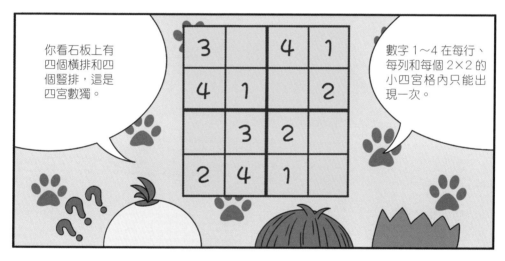

你看石板上有四個橫排和四個豎排，這是四宮數獨。

數字 1～4 在每行、每列和每個 2×2 的小四宮格內只能出現一次。

我明白了，從第一個小四宮格就可以開始填數了！

有三個格子很容易填充。

最後可以發現第三橫排和第四橫排都有三個數字,所以可以根據橫排來填。好耶!

太好了,填完了!

成功了!

接下來是更加艱難的挑戰,你們願意接受嗎?

我們願意!

這應該是六宮數獨吧?

破解的方法就在第六豎排，因為第六豎排有五個數字。

也就是說，有哪些宮格或者橫排或者豎排只用填一個數字，我們就可以從哪裏開始。

沒錯！

接下來就可以填寫第三橫排了！

按照這個順序來推出答案吧！

是多少就跳幾下！

成功了！

121

恭喜三位勇士完成了考驗，你們將會獲得勇士專屬的筆記本。美好的寒假活動是：博士會帶領你們前往未來。

前往未來！太好了！

終於從地下出來了！

從現在起我就是真正的勇士啦！請叫我勇士李沖沖！

那請叫我勇士朱栗！

但我還有一個小問題，如果寫錯了怎麼辦呢？

寫錯了，你就把寫錯的數字記下來。

這次寫錯了以後，下次寫的時候就排除這個數字，這樣不就能寫對了嗎？

博士，謝謝你！我想，我愛上數獨了。

很好。畢竟數獨是用來鍛煉思維的，令玩家在消遣娛樂中不知不覺地開動腦筋，開啟思維。

原來如此！

那走吧，讓我們——前往未來！

大家抬頭看看。

歡迎,歡迎!歡迎勇士
向九宮數獨 —— 當今
最流行的數獨挑戰。

| 5 | 6 |   |   | 3 | 1 |   |   | 7 |
|---|---|---|---|---|---|---|---|---|
| 3 | 8 |   |   | 2 | 7 | 5 | 6 |   |
| 2 |   | 7 | 5 |   | 4 | 8 | 9 | 3 |
| 6 | 4 | 8 |   |   | 9 | 3 | 5 |   |
| 1 |   |   |   | 5 |   |   |   | 8 |
|   | 2 | 5 | 4 |   |   | 6 | 1 | 9 |
| 8 | 7 | 1 | 3 |   | 6 | 9 |   | 5 |
|   | 3 | 6 | 2 | 7 |   |   | 8 | 4 |
| 4 |   |   | 1 | 9 |   |   | 3 | 6 |

|   | 8 | 5 |   |   |   |   | 2 | 1 |
|---|---|---|---|---|---|---|---|---|
|   | 9 | 4 |   | 1 | 2 |   |   | 3 |
|   |   | 3 |   |   |   | 7 |   | 4 |
| 5 |   | 3 | 4 |   | 9 |   |   |   |
|   | 4 |   | 2 |   | 6 |   | 3 |   |
|   |   |   | 1 |   | 3 | 9 |   | 7 |
| 6 |   | 8 |   |   | 5 |   |   |   |
| 1 |   |   | 8 | 4 |   | 3 | 6 |   |
|   | 2 | 7 |   |   |   | 8 | 9 |   |

# 18. 受傷的千紙鶴

冬天的一個週末，大家在博士家玩耍，天上降下白雪，小夥伴們興奮極了。

你們看外面下雪了！

那我們快出去玩雪吧！

等等我！

甚麼東西飄下來了？

這是千紙鶴欸，它看起來好像受傷了！

我們把它送回實驗室吧！

這隻千紙鶴好漂亮啊！

可是我的尾巴不見了，以前更漂亮呢！

感覺也不是很嚴重呀！

它的尾巴好像被摺進去了。

那我們把尾巴摺出來就好了呀！

你知道怎麼摺嗎？

我們把它拆開然後按着原來的痕跡再摺回去就好了。

先拆開。

這麼多摺痕，該先摺哪一條呀？

我試試。

摺錯了，摺錯了！我的腿和胳膊都反了，痛死我了！

對不起。

現在怎麼辦呀？

你們看摺痕圍成的圖形裏有三角形也有正方形，我們可以先摺成一個三角形或者一個正方形。

不對，不對，那是我的肚子，快被撕開了。

我來試試。

對不起！

你們在摺千紙鶴啊？

啪啪

飄～

從桌上飛來了紙片！

剛才你們的失誤已經弄疼千紙鶴了，先用別的紙片試試怎麼摺出千紙鶴吧。

阿柳博士，我們先摺哪裏呀？

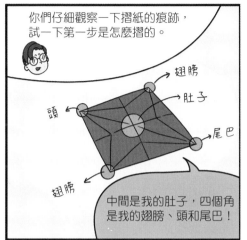

你們仔細觀察一下摺紙的痕跡，試一下第一步是怎麼摺的。

翅膀

肚子

頭

尾巴

翅膀

中間是我的肚子，四個角是我的翅膀、頭和尾巴！

你們看，我摺成了一個飛機，有好幾個三角形呢！

飛機升到空中好像一隻正在飛的小鳥啊。

它變成了三角形！

拉

它變成了一個三角形和一個正方形的組合。

再打開另一個袋子，變成一個正方形。

129

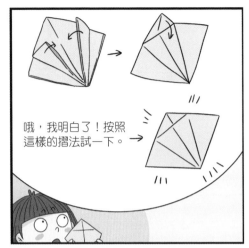

哦，我明白了！按照這樣的摺法試一下。

反面也一樣

還有菱形呢！

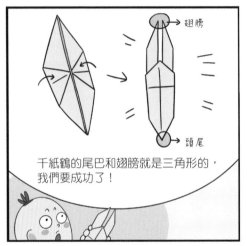

翅膀

頭尾

千紙鶴的尾巴和翅膀就是三角形的，我們要成功了！

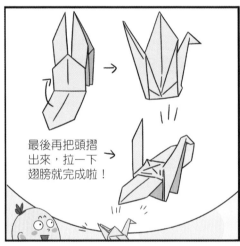

最後再把頭摺出來，拉一下翅膀就完成啦！

開心

我飛起來了！你們看，我的尾巴也可以動了。謝謝你們！

我們剛才在摺紙時發現很多幾何圖形。除了千紙鶴和紙飛機，小兔子、小狗的摺紙裏也有很多圖形哦。

還可以摺小兔子嗎？那是甚麼樣的呀？

摺

狗的耳朵是兩個三角形，兔子的耳朵是兩個梯形！

它們兩個的臉都是六邊形！

原來六邊形和三角形可以變成小狗，六邊形和梯形可以變成小兔子！真神奇呀！

之後孩子們和千紙鶴開心地玩耍了一下午。

# 19. 小秤砣找媽媽

甚麼聲音啊？

嗚嗚嗚

嗚嗚嗚

是一個
小秤砣！

你為甚麼要哭啊？

我要找
媽媽！

嗚嗚

你別哭了，我們
幫你找好不好？

我的媽媽就叫
秤桿呀！她也
叫秤桿！她就
是我媽媽呀！

我叫公斤秤桿，
我的孩子是公斤
秤砣，沒你這麼
小呀！

我也是秤砣呀！
我改名叫公斤不
就行了嗎？

改了名字，你也
還是那麼小啊！

那有甚麼不一樣嗎？

當然不一樣了！你看我和我媽媽稱公斤的東西可以保持平衡，你和我媽媽在一起就不能，所以你媽媽不是公斤秤桿！

那我媽媽到底在哪裏呀？我怎麼才能找到她呀？

想要幫你找媽媽，我們得先知道你的來歷呀！

我的來歷是甚麼呢？我的名字是克。

克是國際質量單位之一，是在法國大革命之後制定的基本質量單位。

博士！

我們還是不知道他媽媽是誰呀！

我們秤桿家族起源於中國古代，聽我太爺爺說秤桿是由魯班發明的，在桿秤上刻製 13 顆星花，定 13 兩為一斤。秦始皇統一六國後，改一斤為 16 兩。後來又慢慢變成公斤秤桿。

不如我們把秤家族叫出來，看看誰才是小秤砣的媽媽。

我有叫克的孩子，可是天平的孩子都是砝碼，不是秤砣呀！

他們都不是，怎麼辦呢？

大家應該先知道甚麼是公斤，甚麼是克以及其他質量單位，才能幫小秤砣找到媽媽呀！

噸（t）、公斤（kg）、克（g）、毫克（mg）都是國際通用的質量單位。

1 噸＝1000 公斤
1 公斤＝1000 克
1 克＝1000 毫克

那你們知道香港常用的質量單位還有甚麼嗎？

兩（1 兩≈37.5 克）、斤（1 斤≈605 克）。

對！這些都是我們如今的質量單位。但是以前的質量單位你們知道嗎？

是甚麼呢？

以前各國的質量單位都不一樣，在中國古代，秦朝以前並沒有統一的質量單位。

秦始皇統一六國以後才統一了質量單位。

到了現代，國際上制定了新的質量單位：噸、公斤和克，我們的秤桿的質量單位也從斤、兩變成了公斤、克。

小秤砣的媽媽一定是桿秤！只不過不是公斤桿秤，而是以克為單位的桿秤。

所以小秤砣和他媽媽是用來稱輕一點的物體的。你們在哪裏見過小一點的桿秤嗎？

我記得在中藥房稱藥用的是小桿秤！

沒錯，你們可以去藥房看看小桿秤是不是小秤砣的媽媽。

中 藥

我剛才睡着了，搞丟了我的孩子！真是太謝謝你們了。

可不要再把自己的孩子搞丟了！

媽媽！

137

# 20. 水星禮物分配記

自從博士帶大家去水星經歷了一場愉快的旅行之後，大家就和水星上居住的人魚們交上了好朋友。

真想再去一次水星呀！

我還想再見見人魚王子！我和他已經是朋友了！

看來你們都很喜歡水星啊。

是阿柳博士回來了！

看，剛收到人魚王子給你們寄來的一些水星糖果。

好想吃！

這麼多糖果，應該怎麼分配呢？

說得對。不如大家先數一數有多少顆糖果吧。

不用你們數，我帶了 50 顆糖果分給大家。

是人魚王子的聲音！這個糖果還可以傳聲！太厲害了。

50 顆糖果要怎麼分配呢？我覺得這裏應該用除法……

$50 \div 4$

$$50 \div 4 = ?$$

不對呀？我不會這道除法。

我也做不出來！

遇到甚麼困難了嗎？

阿柳博士，50 顆糖果沒法平均分給四個人啊！

博士，是這樣的，如果是 48 顆糖就好分了。

如果只有 48 顆糖果的話就好了。

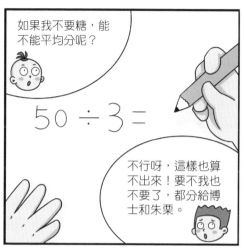

如果我不要糖，能不能平均分呢？

$50 \div 3 =$

不行呀，這樣也算不出來！要不我也不要了，都分給博士和朱栗。

這樣就能整除了！

這怎麼行，你們不要的話，我也不要，全部留給博士吧。

同學們，你們的心意我心領了。不過，你們有沒有想過，其實這種情況在數學上也是經常遇到的！

哎？

$$50 \div 4 = 12 \cdots\cdots 2$$
↓　　　　↓
商　　　　？

12 大家都知道，是算出來的商。有人能猜到，這省略號後面的 2 表示的是甚麼嗎？

沒錯。這個 2 就叫餘數。在數學上，我們追求準確，所以不能得整數商也沒關係，把剩下的數用餘數來表示就行了。

是分配完 48 顆糖果以後剩下的 2 顆糖果嗎？

$$50 \div 4 = 12 \cdots\cdots 2$$

被除數（糖果總數）

除數（人數）

商（每個人的糖果數）

餘數（剩餘的糖果數）

原來是這樣！那我們還是每個人分到 12 顆糖果。

...

剩下的 2 顆要不我們給阿柳博士吧？

謝謝你們！

我們給人魚王子寫信感謝他吧。

數日後

謝謝你，人魚王子！
你讓我們學到了新的數學知識！

$50 \div 4 = 12 \cdots\cdots 2$

被除數　除數　商　餘數

看來他們很喜歡我的禮物。

142

# 21. 高沖沖、矮大頭與巨型朱栗

144

我能摸到雲了。

朱栗！你不要動！你快把我掀翻啦！

別踩我呀！！

阿柳博士！！救救我們！！

唉～這些孩子肯定是動了我的大小光球了。

正好讓你們體會一下大小變化的樂趣吧！

比起樂趣，更多的是不方便呀！

阿柳博士！快把我變回去吧！！

只要你們能說出自己的大小在日常生活中的實際用場，我就把你們變回去。

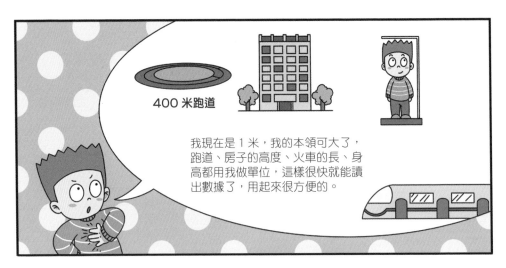

我現在是 1 米，我的本領可大了，跑道、房子的高度、火車的長、身高都用我做單位，這樣很快就能讀出數據了，用起來很方便的。

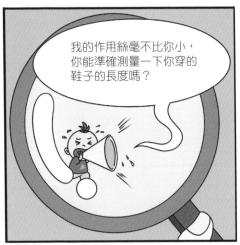

我的作用絲毫不比你小，你能準確測量一下你穿的鞋子的長度嗎？

確實，我太大了。量不出來。

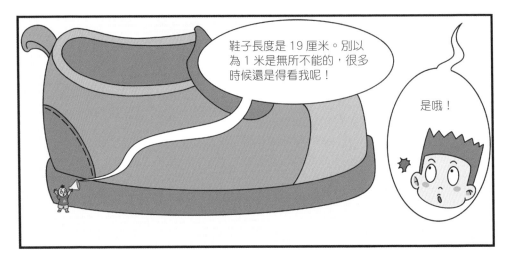

鞋子長度是 19 厘米。別以為 1 米是無所不能的，很多時候還是得看我呢！

是哦！

我現在是 1 公里，是常用來測量道路、河流的長度的大單位！要是沒有公里，要修建一條鐵路該多麼困難啊！

道路

四川

大地

海拔

100 個 1 厘米就是 1 米，1000 個 1 米就是 1 公里，單位之間是可以相互換算的。

100 厘米＝1 米
1000 米＝1 公里

如果我們要測房子的高度就要用米，如果要測量門把手的長度就用厘米。

而測量公路的長度一般要用公里。

正所謂「尺有所短，寸有所長」，你們團結起來，選用合適的單位去測量不同的物體，那才是最棒的！

嗯嗯！

我知道比我小的還有毫米、絲米！還好沒變成微米、納米、埃米，不然你們就找不到我啦！

比我大的還有宇宙單位「光年」呢！！

所有的長度單位在日常生活中、科學研究中各有各的用場，缺一不可！

唰唰唰～～～

太好啦！我們都變回來啦！

對不起阿柳博士，我下次不會隨便動實驗室的東西了。

知錯能改，善莫大焉！

# 22. 魔術手套遺失之謎

魔術世界

歡迎光臨

歡迎來到魔術世界！

我真是太期待了！

聽說魔術師並不會魔法，卻能做到和魔法師一樣的事情。

說不定到時候我們還有機會被邀請到台上去。

抱歉小朋友們，我的手套不見了！

那……換個手套可以嗎？

我的手套是定製的，如果找不到的話，就不能繼續進行表演。

這裏這麼多手套，哪副是您的呢？

這下麻煩了……

既然是量身定製的手套，那麼我們先測量魔術師手的尺寸，再去測量那些手套的尺寸，就能找出來啦！

甚麼是「尺寸」呀？

過去常用分、寸、釐、碼等長度單位，而 10 釐＝1 分，10 分＝1 寸，10 寸＝1 尺，所以「尺寸」表示長度的具體長短。

10 釐＝1 分

10 分 = 1 寸
10 寸＝1 尺

直尺沒法直接測量手部，可以用軟尺來測量手的大小！

這個想法很好，但是我們沒有軟尺……

可以取一根線經過魔術師的手部繞手一圈，然後再用直尺測量線的長度。

那我們現在就開始吧！

手寬為 9 厘米，長度為 20 厘米。

手長

手寬

151

不是……不是……

在哪裏呢？

這個也不對。

我找到啦！一隻左手！

我找到了！一隻右手！

非常感謝你們！我想送你們每人一雙鞋子，請把鞋碼告訴我哦！我先去準備表演了！

甚麼是碼？

我知道碼是一種英美制長度單位，1碼約等於90厘米，但是鞋碼又是怎麼計算的呢？

鞋碼（歐碼）＝足長（cm）×2－10

這就是鞋碼公式。

走啦！看表演去啦！！

好神奇！

有沒有哪位觀眾願意來協助我完成接下來的表演呢？

讓我來！讓我來！

接下來，我要把這個小朋友變成一台電視機！大家看好啦！

把他罩起來～

再掀開！

太厲害了！
李沖沖真的變成了
一台電視機！！

我也要變！
我也要變！

我記得電視機的尺寸可以用英吋來表示。
電視機的尺寸是指電視機屏幕對角線的長度，一英吋約等於 25 毫米。

原來電視機的英吋是這個意思呀！

是的。生活中會遇到各式各樣的長度單位，計算方式也不一樣哦。

注意看！魔術師要把沖沖變回來了！

# 23. 密室逃脱

羅大頭他們在玩密室逃脫最後一關的時候，發現門怎麼都打不開。

這個密碼鎖沒有一點提示，怎麼才能打開它呀？

誰說沒有提示了！當然有！回答對我的問題，你們就可以打開門了！

那你的問題是甚麼？

你們知道世界上最早的密碼是甚麼嗎？

阿柳博士，你知道最早的密碼是甚麼嗎？

據傳說，最早的密碼產生於雅典和斯巴達之間的伯羅奔尼撒戰爭中。站在斯巴達一邊的波斯帝國突然改變態度，停止了對斯巴達的援助。

波斯帝

斯巴達想要知道波斯與雅典之間的行動計劃。一次斯巴達軍隊抓獲了一名雅典信使。

士兵搜查這名信使，可除了從他身上搜出一條佈滿雜亂無章希臘字母的普通腰帶外，甚麼都沒搜到。

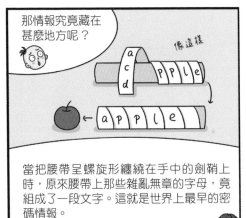

那情報究竟藏在甚麼地方呢？

像這樣

當把腰帶呈螺旋形纏繞在手中的劍鞘上時，原來腰帶上那些雜亂無章的字母，竟組成了一段文字。這就是世界上最早的密碼情報。

原來最早的密碼來自於腰帶啊！

雅典士兵傳遞情報的方法好聰明呀！

回答得很正確！世界上第一個密碼就是出現在腰帶中！

這個房間的牆上掛滿了東西欸！

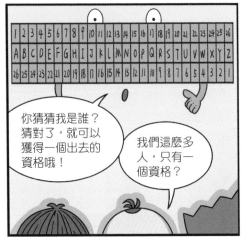

你猜猜我是誰？猜對了，就可以獲得一個出去的資格哦！

我們這麼多人，只有一個資格？

咳咳，還有我們在這呢！

可是你們一共只有三種密碼呀！

剛剛博士介紹了一種密碼，可以不用破解密碼，直接出去。

表裏是字母和數字。

你得研究我的數字和字母。

就是數字順序顛倒了，這怎麼猜？

這也是一種密碼。

密碼？只是數字換了位置就是密碼嗎？

難道是換位密碼？

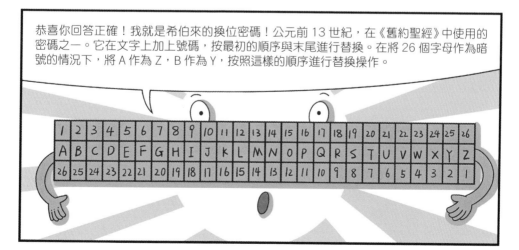

恭喜你回答正確！我就是希伯來的換位密碼！公元前 13 世紀，在《舊約聖經》中使用的密碼之一。它在文字上加上號碼，按最初的順序與末尾進行替換。在將 26 個字母作為暗號的情況下，將 A 作為 Z，B 作為 Y，按照這樣的順序進行替換操作。

沒想到我隨便一說就真的是這種密碼，那我獲得了出去的機會了！

是的，你一會兒就可以出去了！

我明白了！你們都是一些密碼，只要我們猜出你們的名字，就能出去！

叮—

阿柳博士，難道這個是棋盤密碼？

波利比奧斯是古希臘的歷史學家，這個密碼是他發明的。

怎麼可能每個都那麼簡單呢？不過我也是棋盤密碼中的一種。可以提示你一下，我的加密原理是波利比奧斯方陣哦！

通常會以發明者的名字命名，所以這個是波利比奧斯密碼對嗎？

答對了！

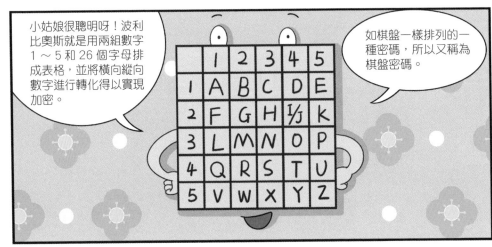

小姑娘很聰明呀！波利比奧斯就是用兩組數字 1～5 和 26 個字母排成表格，並將橫向縱向數字進行轉化得以實現加密。

如棋盤一樣排列的一種密碼，所以又稱為棋盤密碼。

|   | 1 | 2 | 3 | 4 | 5 |
|---|---|---|---|---|---|
| 1 | A | B | C | D | E |
| 2 | F | G | H | I/J | K |
| 3 | L | M | N | O | P |
| 4 | Q | R | S | T | U |
| 5 | V | W | X | Y | Z |

小朋友，現在就剩你一個人了！

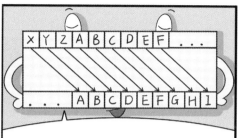

我叫凱撒密碼，是羅馬共和國末期傑出的軍事統領凱撒使用的密碼。他通過將一組字母系統性地替換成另外的字母或者符號的方式加密。現在你只要解開「khoor」這個單詞的密碼，就可以出去！

我明白了，凱撒密碼的原理就是將字母替換，A→D、B→E、C→F，依次類推。所以，khoor 這個單詞的意思是 hello，對不對？

好耶！

恭喜你們！密碼的祕密全部破解，闖關成功！

又學到新知識了呢！

# 24. 女巫的魔鏡

魔鏡魔鏡，全世界最漂亮的女人是誰？

太厲害了！這個魔鏡怎麼會說話啊？

這是我從魔法世界中帶回的一面鏡子。

你真漂亮，比那些大明星都好看呢！

謝謝！

哇！

你們看到的其實是我的影子。

聽說女巫的壽命很長，不知道您活了多少年？

你們可以自己算一算哦。

怎麼不問問魔鏡我呀？

你知道嗎？

我的年齡是你們四個人年齡加起來的兩倍！算出來我就告訴你！

我們三個都是 8 歲：
8×3＝24（歲）；
再加上阿柳博士 43 歲：
24+43＝67（歲）；
67 歲的兩倍：
67×2＝134（歲）。

這還不簡單，你現在已經 134 歲了！

魔鏡魔鏡，趕快告訴我們女巫的年齡吧！

女巫比我和阿柳博士的年齡加在一起小 4 歲！

魔鏡 134 歲，阿柳博士 43 歲，134＋43＝177（歲）。那麼女巫就是 177－4＝173（歲）。

哦～

女巫都 173 歲啦！為甚麼看着還這麼年輕？

其實我和老伴已經去世多年了，聽說孩子們很喜歡女巫的傳說，想要看見女巫，我就特意製作了這個保留我容顏的魔鏡。

這樣大家就能一直記得有關女巫的故事了！

謝謝你們！

接下來我給大家出個謎語來作為故事的結尾吧！

# 25. 高斯的故事

高斯生於德國的布倫瑞克。
他的祖父是農民，父親是泥
瓦匠，母親是石匠的女兒。

傳說，高斯 3 歲時就
能指出父親賬冊上的
錯誤。

這裏錯
了。

賬 本

講一個高斯讀小學
時的故事。

有同學會算
這道題嗎？

$1 + 2 + 3 + 4 + 5 + 6$
$+ 7 + \cdots + 100 = ?$

這下小朋友
們肯定得算
到下課。

我知道，答案
是 5050。

你是怎麼
算出來
的？

$1 + 2 + 3 + \cdots + 98 + 99 + 100$
$+ 100 + 99 + 98 + \cdots + 3 + 2 + 1$
$= 101 + 101 + 101 + \cdots + 101$
$= 101 \times 100$
$= 10100$
$10100 \div 2 = 5050$

共有 100 個 101 相
加，但算式重複了兩
次，所以 10100 除
以 2 就是答案。

這件事情顯示了高斯的數學才華。老師知道，憑自己的能力很難教給高斯更多的數學知識。於是他就從漢堡買了一本內容較深的數學書送給高斯。

謝謝老師。

老師有個助教，名叫巴特爾斯，他比高斯差不多大 10 歲。助教很熱心，對高斯另眼相看，教給了高斯更多的數學知識。

巴特爾斯

有一天，老師和助教決定家訪。他們拜訪了高斯的父親，希望他配合學校好好培養高斯，以便高斯能夠進入大學接受更好的教育。

高斯的父親是個老古板，他認為兒子應該像他一樣，今後也靠力氣養家餬口。再說，他也沒有錢讓高斯繼續讀書。

不行！

這次家訪的唯一收穫是父親免除了高斯每天晚上織布的工作，讓他有更多的時間學習。

少年高斯抓住機會努力學習，他的努力與天賦打動了一位公爵。公爵資助他的學習和生活，聰明勤奮的高斯在 15 歲就進入大學預科學院，18 歲進入到格丁根大學學習。

格丁根大學

高斯的研究領域十分寬廣，留下著作最多的是在數學領域，其次是在天文學和物理學領域。後者只是用數學的原理解決客觀問題而已。很多有才華的青年對高斯非常崇敬，尊稱高斯為數學王子，他們中的一些人後來也成為數學家，為數學的發展做出了重要的貢獻。

正十七邊形尺規作圖之理論與方法

算術研究

小行星穀神星的運行軌跡

歷史上對高斯的評價很高，說他的一生是不平凡的一生。在慕尼黑博物館懸掛的高斯畫像上有如下一句話：
他的思想深入數學、空間、大自然的奧祕。他測量了星星的路徑、地球的形狀和自然力。他推動了數學的發展，直到下個世紀。

## 4. 巧算湖的面積　答案

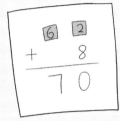

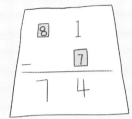

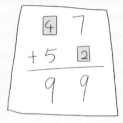

```
  7 7 7
+     7
-------
  7 8 4
```

```
  7 0 7
-   7 7
-------
  6 3 0
```

## 17. 神奇的數獨　答案

| 5 | 6 | 9 | 8 | 3 | 1 | 2 | 4 | 7 |
|---|---|---|---|---|---|---|---|---|
| 3 | 8 | 4 | 9 | 2 | 7 | 5 | 6 | 1 |
| 2 | 1 | 7 | 5 | 6 | 4 | 8 | 9 | 3 |
| 6 | 4 | 8 | 7 | 1 | 9 | 3 | 5 | 2 |
| 1 | 9 | 3 | 6 | 5 | 2 | 4 | 7 | 8 |
| 7 | 2 | 5 | 4 | 8 | 3 | 6 | 1 | 9 |
| 8 | 7 | 1 | 3 | 4 | 6 | 9 | 2 | 5 |
| 9 | 3 | 6 | 2 | 7 | 5 | 1 | 8 | 4 |
| 4 | 5 | 2 | 1 | 9 | 8 | 7 | 3 | 6 |

| 3 | 8 | 5 | 7 | 6 | 4 | 2 | 1 | 9 |
|---|---|---|---|---|---|---|---|---|
| 7 | 9 | 4 | 5 | 1 | 2 | 6 | 8 | 3 |
| 2 | 1 | 6 | 3 | 9 | 8 | 7 | 5 | 4 |
| 5 | 7 | 3 | 4 | 8 | 9 | 1 | 2 | 6 |
| 9 | 4 | 1 | 2 | 7 | 6 | 5 | 3 | 8 |
| 8 | 6 | 2 | 1 | 5 | 3 | 9 | 4 | 7 |
| 6 | 3 | 8 | 9 | 2 | 5 | 4 | 7 | 1 |
| 1 | 5 | 9 | 8 | 4 | 7 | 3 | 6 | 2 |
| 4 | 2 | 7 | 6 | 3 | 1 | 8 | 9 | 5 |

172

# 我的數學奇趣世界

在這裏寫下關於數學的奇思妙想吧。